Edson Gonçalves

Sistemática integrada de manutenção 360º

EDITORA
CIÊNCIA MODERNA

Sistemática Integrada de Manutenção 360º

Editor: Paulo André P. Marques
Produção Editorial: Dilene Sandes Pessanha
Capa: Daniel Jara
Diagramação: Daniel Jara
Copidesque: Equipe Ciência Moderna

FICHA CATALOGRÁFICA

GONÇALVES, Edson.

Sistemática Integrada de Manutenção 360º

Rio de Janeiro: Editora Ciência Moderna Ltda., 2024.

1. Engenharia Industrial
I — Título

ISBN: 978-65-5842-395-9 CDD 621.7

Editora Ciência Moderna Ltda.
R. Alice Figueiredo, 46 – Riachuelo
Rio de Janeiro, RJ – Brasil CEP: 20.950-150
Tel: (21) 2201-6662/ Fax: (21) 2201-6896
E-MAIL: LCM@LCM.COM.BR
WWW.LCM.COM.BR **07/24**

O Verdadeiro Sentido da Vida

Uma Árvore não dá fruto para si mesma..
Um Rio não bebe de sua própria água.
Uma Abelha não faz uso de seu próprio Mel.
O Sol não brilha para si próprio.
Uma Flor não exala perfume para si mesma.

Na Natureza é assim.
Tudo que se faz, é para os Outros.

Talvez o verdadeiro sentido da Vida seja este.
Doar.

Seremos felizes se soubermos que os outros estão bem.

Porém, seremos muito mais felizes se soubermos que os outros estão bem por nossa causa.

Autor Desconhecido

Agradecimentos

Agradeço veementemente a minha esposa Neide e minhas filhas, Sabrina e Emanuelle, que abriram mão de inúmeros momentos de lazer e de convívio familiar, para que fosse possível concretizar esta obra, bem como o apoio e incentivo concedidos.

Agradeço a minha irmã Girlene, por se sacrificar em alguns momentos de sua vida para que eu pudesse seguir em frente e me tornar o homem e profissional que sou hoje.

Agradeço a Srª Maria Vieira Gonçalves, por cada segundo de dedicação, de cuidado e de amor, por cada palmada e cada castigo que me deu, pois somente com as ações e atitudes tomadas por ela, fui capaz de me tornar o homem, o profissional e o pai que me tornei.

Agradeço também ao Sr. Otil Gonçalves Neto (in memoriam), um homem semianalfabeto, sem cultura, mas que me ensinou todos os valores da vida, me ensinou sobre a importância que um ser humano tem de batalhar pelos seus sonhos, e traçar seus objetivos, a valorizar o próximo.

Este casal, Sr. Otil e Srª. Maria, me mostrou que não temos limites nesta vida, que podemos realizar tudo o que quisermos, e que estas realizações somente fazem sentido se for de coração e com muita dedicação e trabalho, que batalhar pelos nossos sonhos é o verdadeiro sentido da vida.

Este casal tenho o imenso orgulho de chamar de “MEUS PAIS”.

Dedicatória

Dedico esta obra a todos os meus familiares, sem exclusão de nenhum grau de parentesco, pois cada um deles tem um papel importante na minha vida.

A cada um dos meus professores e instrutores que me alfabetizaram e me direcionaram ao aprendizado formal, técnico e moral.

A cada um dos meus amigos de infância, adolescência e vida adulta, que conviveram comigo em todos os momentos de alegria e tristeza.

Dedico também esta obra a todos os colegas de trabalho que conviveram comigo ao longo de toda a minha vida profissional. Àqueles que me ensinaram as atividades do dia a dia, àqueles que aprenderam comigo no dia a dia. E principalmente, àqueles que discordaram de algumas de minhas opiniões e decisões, discordâncias estas que serviram de diálogos e discussões que originaram em novos estudos até que encontrássemos uma definição comum e definíssemos conceitos favoráveis a todos.

Reservo-me no direito de não citar nenhum nome, para que eu tenha a consciência tranquila por não ter me esquecido de mencionar nenhuma das pessoas que fizeram parte da minha história até os dias de hoje.

Reflexão

Recomeço

"Não tenha
medo de começar tudo de novo.
Talvez você
goste mais da sua nova história".

Autor Desconhecido

Prefácio

Vejam só como realmente são os processos.

Imagine que você tenha um cubo de gelo na sua mesa a frente.

A sala está fria e você pode perfeitamente sentir e ouvir a sua respiração. Neste momento a temperatura é de 25°C. Mas a sala começa a esquentar devagar

Vinte e seis graus.

Vinte e sete.

Vinte e oito.

E o cubo de gelo ainda continua intacto na mesa a sua frente.

Vinte e nove graus.

Trinta.

Trinta e um.

Ainda assim nada acontece.

Então a temperatura atinge os 32°C. O gelo começa a derreter. Uma mudança de 1°C, aparentemente igual aos aumentos de temperatura anteriores, desencadeou uma grande mudança.

Momentos revolucionários são muitas vezes o resultado de várias ações anteriores, que criam o potencial necessário para desencadear uma grande mudança.

Esse padrão aparece em todos os lugares. O câncer, por exemplo, passa 80% de sua vida indetectável, logo depois toma corpo e forma em semanas.

O bambu mal pode ser visto nos primeiros 5 anos, pois constrói sistemas radiculares extensos no subsolo antes de romper o solo e atingir 27 metros em seis semanas.

Desta forma as pequenas ações parecem não fazer a diferença, até que se cruze um limite crítico e desencadeie um novo patamar de evolução. Nos estágios inicial e intermediário de qualquer processo ou estratégia, muitas vezes surgem grandes desilusões, onde se espera progredir de forma linear e acaba se tornando frustrante, como as mudanças parecem ineficazes nos primeiros dias, semanas e até meses. Parece que não está indo a lugar algum. Isso é uma característica de qualquer processo de evolução técnica, onde os resultados mais valorosos sempre são tardios.

Esta é uma das principais razões de ser tão difícil construir e implantar estratégias ou sistemáticas duradouras. As pessoas realizam algumas pequenas mudanças, não conseguem visualizar os resultados tangíveis e decidem parar. Pense, estamos trabalhando todos os dias a mais de um mês, por que não conseguimos visualizar nenhuma evolução? Se deixar que este tipo de pensamento assuma o controle de seu sistema, fica fácil deixar que sua estratégia caia no esquecimento. Porém, para que tenhamos uma diferença significativa, precisamos persistir por tempo suficiente para que possamos romper os patamares, o qual dá-se o nome de Potencial Latente.

Se possui dificuldades em criar uma boa estratégia ou uma sistemática eficaz, isso não significa que perdeu sua inspiração ou sua capacidade de melhorar. Muita vezes, pode ser porque ainda não atingiu o seu Potencial Latente. Reclamações sobre não atingir os resultados propostos, apesar de trabalhar arduamente, seria o mesmo que reclamar que o cubo de gelo não está derretendo quando o mesmo é aquecido na faixa dos 25°C aos 31°C. Seus esforços e trabalhos não foram desperdiçados, estão apenas sendo armazenados. Toda ação desejada irá acontecer quando atingir os 32°C.

Quando finalmente romper o Potencial Latente, as pessoas enxergarão o sucesso instantâneo, pois é comum que só enxerguem os acontecimentos mais drásticos e não tudo o que se precedeu. Entretanto sabemos que o trabalho que foi realizado ao longo do tempo, quando parecia que nada estava fazendo progresso algum, foi o que possibilitou o sucesso de hoje.

É o equivalente humano da pressão geológica, onde duas placas tectônicas podem se friccionar uma contra a outra por milhões de anos, e a tensão aumentando o tempo todo. Então um dia elas se friccionam mais uma vez, da mesma forma que fazem há séculos, porém desta ultima vez a tensão já está muito grande. Surge um Terremoto, ou seja, a mudança pode levar anos, até que aconteça de uma só vez.

Maestria requer paciência. O San Antônio Spurs, um dos times mais bem sucedidos da NBA, tem uma citação do reformador social Jacob Riis pendurada em seu vestiário dizendo:

"Quando nada parece dar certo, verei o cortador de pedras martelando sua rocha talvez 1000 vezes, sem que uma única rachadura apareça. Mas na milésima primeira martelada a pedra se abre em duas, eu sei que não foi a última martelada que conseguiu isso, mas todas as outras que vieram antes"...

Criamos nossos sistemas e estratégias e muitas vezes esperamos que o progresso seja linear. No mínimo que aconteça rapidamente. Na realidade os resultados de nossos esforços sempre são tardios. Somente meses ou anos depois que percebemos o sucesso e o verdadeiro valor de nosso trabalho realizado antes.

Isso pode se tornar uma grande decepção, onde as pessoas se sentem desencorajadas, depois de tempos e mais tempos de trabalho árduo sem os resultados esperados. No entanto este trabalho não foi desperdiçado, pois somente mais tarde é que os valores dos esforços serão revelados.

Todas as grandes coisas são originadas dos pequenos começos. A semente de todo sucesso é uma única e minúscula decisão. E como esta decisão se torna uma rotina, a estratégia se fortalece, as raízes se revigoram e os ramos crescem.

A tarefa de abandonar um processo ou uma estratégia é como desenraizar um poderoso carvalho de dentro de nós, e criar uma rotina é como cultivar uma flor delicada um dia de cada vez.

O que determina se trabalhamos em uma estratégia e rotina por tempo suficiente para que ela atinja o Potencial Latente e comece a apresentar resultados positivos?

O que faz com que algumas pessoas adotem métodos e estratégias indesejáveis e permitam que outros desfrutem dos efeitos compostos dos bons?

A resposta é simples.

Por ora esqueça as metas e concentre-se no sistema adotado.

A sabedoria convencional nos mostra que a melhor maneira de alcançarmos um objetivo na vida, entrar em forma, construir um negócio de sucesso, relaxar mais e se preocupar menos, passar mais tempo com a família e os amigos, é definir metas específicas e práticas.

Por muitos anos, sempre agimos assim, sempre tínhamos um objetivo a ser alcançado, estabelecer metas para as notas que queremos na escola, para os pesos que queríamos levantar na academia, para os lucros que queríamos obter nos negócios. Sempre alcançávamos alguns e fracassávamos em outros. Portanto, percebemos que os resultados que alcançávamos pouco tinham influência das metas que definimos, mas todos dependiam dos sistemas que adotávamos e seguíamos.

Então:

Qual a diferença entre Sistemas e Metas?

De acordo com Scott Adams, o cartunista americano por de trás dos quadrinhos de Dilbert, as metas estão relacionadas aos resultados que se deseja alcançar, já os sistemas se referem aos processos que nos levam a estes resultados.

Se você é um treinador, sua meta pode ser ganhar um campeonato. Já o seu sistema será o método e o modo como recruta os jogadores, gerencia seus assistentes técnicos e conduz os treinos.

Se você é um empreendedor, sua meta pode ser construir um negócio milionário. Seu sistema é como você testa suas ideias de produtos, contrata seus colaboradores e realiza suas campanhas de marketing.

Se você é um músico, sua meta pode ser tocar em um novo concerto. Seu sistema é quantas vezes você pratica, como desmembra métricas difíceis e seu método para receber o retorno de seu instrutor.

Agora vem a pergunta interessante:

Se você ignorasse completamente suas metas e se concentrasse apenas no seu sistema, ainda assim teria sucesso?

Por exemplo, se você fosse um técnico de basquete e ignorasse a meta de ganhar um campeonato e focasse apenas no desempenho de sua equipe nos treinos todos os dias, ainda assim teria resultados positivos?

Certamente que sim.

O objetivo em qualquer estratégia ou sistema é o de cumprir as metas estabelecidas, porém seria ridículo passar o tempo todo olhando os indicadores. A única maneira de realmente alcançar os resultados é melhorando a cada dia.

Quando buscamos melhorar a cada dia, os resultados surgem naturalmente. Se a sua busca são melhores resultados, esqueça a definição de metas. Concentre-se no sistema.

O que queremos dizer com isso?

As metas são completamente inúteis?

Claro que não. As metas nos dão a direção, mas os sistemas desenvolvem o progresso. Vários problemas surgem quando se gasta muito tempo pensando nas metas, pois desta forma não sobram tempo suficiente para projetar e desenvolver seus sistemas.

Vencedores e perdedores possuem as mesmas metas, pois o estabelecimento de metas sofre de um caso sério, nos concentramos nas pessoas que vencem, e erroneamente assumimos que suas metas ambiciosas as levaram ao sucesso, ao mesmo tempo que negligenciamos todas as outras pessoas que tinham o mesmo objetivo, mas não tiveram sucesso.

Todo atleta olímpico quer ganhar uma medalha de ouro. Todo candidato quer conseguir o emprego. E se pessoas bem ou malsucedidas compartilham os mesmos objetivos, então não é a meta o que diferencia os vencedores dos perdedores. A meta sempre estará lá, igual para todos. Somente aquele que implanta um sistema mais eficaz garante o sucesso de todo o seu processo.

Alcançar a meta é somente uma mudança momentânea. Imagine que tenha um quarto bagunçado e defina a meta de limpá-lo. Se tiver energia para arrumá-lo, terá um quarto organizado, por ora. Mas se mantiver os mesmos hábitos desleixados, logo estará novamente com um quarto todo bagunçado. O resultado idêntico o persegue porque você nunca mudou o sistema, remediou o sintoma sem tratar a causa.

Alcançar uma meta muda a condição no momento. Este é um fato controverso sobre o aperfeiçoamento. Sempre pensamos em mudar os resultados, mas eles não são o problema. O que realmente precisamos mudar são os sistemas que os produzem. Quando solucionamos problemas no âmbito dos resultados, a solução é temporária. Para que a melhoria seja eficaz, devemos resolver os problemas no âmbito do sistema.

Corrija as entradas, e as saídas se corrigirão.

As metas restringem o sucesso. O pressuposto implícito por trás de qualquer meta é o seguinte:

"Quando alcançarmos as metas, teremos sucesso".

O problema com a mentalidade de metas é que estamos colocando o sucesso de lado até o próximo marco, pois as metas criam um conflito "ou – ou": ou você atinge sua meta e é bem-sucedido, ou fracassa e é uma decepção. Com isso nos enquadramos em uma versão restrita de sucesso. Isso é um equívoco. Não faz sentido restringir seu sucesso a um mero cenário momentâneo quando existem muitos caminhos para alcançá-lo por completo.

Uma mentalidade focada no sistema oferece o antídoto. Quando você se apaixona pelo processo, e não pelo produto, não precisa esperar para se dar ao luxo de atingir o sucesso. Estará satisfeito a todo momento em que o sistema estiver em execução. E um sistema pode ser bem-sucedido de muitas formas distintas, e não apenas da primeira forma que projetou.

As metas podem estar em desacordo com o projeto de longo prazo. Uma mentalidade focada apenas nas metas pode criar um efeito "ioiô". Muitos corredores trabalham arduamente ao longo de meses, mas assim que cruzam a linha de chegada param de treinar. A corrida não está mais lá pra motivá-los. Quando todo o seu trabalho árduo está concentrado em uma meta específica, o que restará para impulsioná-lo depois de ser alcançada?

O objetivo de estabelecer metas é ganhar o jogo. O propósito de construir um sistema é o de continuar jogando. O verdadeiro pensamento em longo prazo é o pensamento sem as metas. Não se trata de uma única realização, mas sim de um ciclo de refinamento e melhoria contínua. Em última análise, é o compromisso com todo o processo que irá determinar o progresso, o resultado e o sucesso.

Texto adaptado do livro Hábitos Atômicos.
James Clear

Sobre o Autor

Edson Gonçalves, 50 anos, nascido no dia 11/04/1974, na cidade de Coronel Fabriciano em Minas Gerais, filho de Otil Gonçalves Neto e Maria Vieira Gonçalves, é o quinto filho de uma família de7 irmãos. Casado desde o ano 2000 com Neide Oliveira Gonçalves Guerra, pai de 2 filhas, Sabrina e Emanuelle. Está sempre presente, não abre mão do convívio familiar onde encontra tranquilidade e equilíbrio para equalizar as pressões do trabalho e o aconchego da vida em família.

Filho de família de classe baixa, os pais sem formação escolar, estudou em escolas públicas e sempre obteve médias significativas, isso nunca foi reprovado.

Teve sonhos de criança, começou pelo futebol, onde algumas tentativas de se profissionalizar no mundo mágico do esporte não foram muito bem-sucedidas com relação ao lado financeiro, porém educacional e culturalmente pôde ser orientado de forma correta, o que o manteve longe da bebida e das drogas ilícitas, até os dias de hoje.

Teve uma infância feliz com muita agitação e liberdade para realizar todas as peripécias de uma criança em fase de crescimento.

Técnico em Mecânica, formado no ano de 1992 na Escola Técnica vale do Aço, iniciou por diversas vezes o curso superior sem muito sucesso devido à dedicação às funções do trabalho. Com diversos cursos de aperfeiçoamento, inclusive no exterior, iniciou sua carreira profissional como estagiário de uma cimenteira na cidade de Santana do paraíso em Minas Gerais.

Após seu estágio, foi mecânico de manutenção de algumas prestadoras de serviços (Ebec e Sankyu) nas dependências de uma usina siderúrgica na cidade de Ipatinga MG, onde foi efetivado como Inspetor de Manutenção pela USIMINAS (Usinas Siderúrgicas de Minas Gerais), trabalhou por alguns anos exercendo a função, até sua transferência para a concorrente CSN (Companhia Siderúrgica Nacional) na cidade de Araucária PR.

Cumpriu mais um ciclo durante alguns anos, também exercendo a função de supervisão de manutenção e inspeção, onde pôde desenvolver diversas habilidades técnicas que lhe deu a condição de evoluir suas práticas e conhecimentos voltados para a inspeção de manutenção industrial.

Transferiu-se para uma empresa do ramo Petroquímico (Arauco do Brasil) onde trabalhou por mais dois anos exercendo as funções de gestão de manutenção e aplicando seus conhecimentos para atingir os resultados esperados pela organização.

Formado em Engenharia Mecânica, e atualmente continua exercendo as funções de Gestor e Empresário, tambémé um dos sócios da empresa de Consultoria, Ascessoria e execução de manutenção em geral em todos os segmentos industriais em prol do desenvolvimento de novas técnicas de manutenção e de inspeção sensitiva, voltada para a evolução da manutenção industrial, procurando sempre cumprir suas metas e atender todas as espectativas das organizações as quais necessita de seus serviços.

Especializou-se em treinamentos técnicos, onde ministra vários treinamentos desde a prática de execução, até a gestão de liderança e comportamental para organizações que necessitam de reestruturar seu efetivo técnico. Tornou-se especialista em Gerenciamento de Manutenção Industrial e realiza consultorias e assessorias em diversas empresas dentro e fora do Brasil aplicando as técnicas de acordo com as normas vigentes e as melhores práticas mundiais.

Vida Profissional

Especialista em Manutenção Industrial, com diversos cursos de aperfeiçoamento, inclusive no exterior, com sólida atuação em empresas e indústrias de grande porte, desenvolvendo atividades na área da manutenção e produção.

Área de atuação: Técnica – Manutenção – Engenharia

Experiências Internacionais

- Japão.
- Estados Unidos.
- Alemanha.
- Holanda.
- Argentina.
- Chille.

Experiências Profissionais

Empresa	Cargo	Período
-Cimento Caue S.A	Técnico em Mecânica	1 ano
-Sankyu S.A	Mecânico Ajustador	1 ano
-Carvalho Mont. Ind.	Mecânico Ajustador	1 ano
-Usiminas – Usinas Sid. MG	Supervisor de Inspeção	6 anos
-CSN – Comp. Sid. Nacional	Supervisor de Manutenção	9 anos
-Arauco do Brasil	Supervisor de Manutenção	2 anos
-Optimus	Gestor	Atual

Descrição das Principais Atividades Desempenhadas

Participação nos projetos de implementação de novas unidades de produção.

Gerenciamento das equipes de montagens, alinhamentos, ajustes, lubrificação e testes do start-up das linhas de produção de Laminação a Frio.

Desenvolvimento e aplicação de novas sistemáticas de manutenção das unidades de produção, otimizando os recursos, minimizando as necessidades de intervenção e consequentemente reduzindo custos de mão de obra e materiais sobressalentes na proporção de 12% ao ano.

Desenvolvimento e reformulação de todo sistema hidrostático de lubrificação e refrigeração dos mancais e rolamentos dos cilindros de laminação, aumentando sua vida útil em aproximadamente 60%.

Redimensionamento de componentes e equipamentos aumentando o volume de produção em 15%, garantindo sua disponibilidade e confiabilidade.

Participação do grupo de voluntários, desenvolvendo dentro da empresa a cultura de segurança com o objetivo de atingir o índice zero de acidentes.

Coordenar e supervisionar a equipe de inspeção técnica para avaliação das condições de funcionamento dos equipamentos.

Coordenar e supervisionar a elaboração de programação das atividades para encaminhamento dos equipamentos para manutenções, preventivas, preditivas e corretivas.

Desenvolvimento e implantação de condições de manutenabilidade dos equipamentos.

Implantação do programa de vazamentos zero.

Elaboração de treinamentos para os colaboradores recém-admitidos.

Supervisionar e acompanhar as atividades de caldeiraria.

Supervisionar e acompanhar as atividades de usinagem e retífica.

Implementação do sistema de gerenciamento de manutenção.

Elaboração de procedimentos de manutenção.

Elaboração de sistemáticas de planos de manutenção, inspeção e lubrificação.

Especificação técnica dos componentes e elementos de máquinas dos equipamentos.

Implantação da sistemática TPM, RCM e MOC.

Aplicação de Brainstorm e Bentchmarkim.

Implantação e Aplicação dos métodos de avaliação e análises de falhas.

Elaboração de orçamento anual.

Implantação de gestão de manutenção à vista.

Elaboração de visão, missão e objetivos da manutenção.

Desenvolvimento de sistemática de manutenção em função de normas técnicas para equipamentos dedicados.

Gerenciamento de contratos de terceiros.

Desenvolvimento e avaliação de novos fornecedores e prestadores de serviços.

Elaboração de indicadores da manutenção.

Contatos com fornecedores para desenvolvimento de sobressalentes e ou readequação de equipamentos e componentes.

Visitas técnicas a fornecedores e fabricantes para avaliação e inspeção dos equipamentos.

Acompanhamento e supervisão das execuções das atividades programadas e emergenciais.

Desenvolvimento de manuais descritivos técnicos para equalizar as informações junto aos fornecedores, analisando as normas cabíveis para cada aplicação.

Prestação de serviços de consultoria e assessoria à manutenção, das organizações nacionais e internacionais.

Palestrante de estratégias e ferramentas estratégicas de manutenção.

Instrutor de treinamentos técnicos e práticos referentes aos elementos de máquinas e diretrizes de manutenção.

Habilidades Pessoais

- Tranquilidade, Curiosidade, Atenção.
- Facilidade de Relacionamento Interpessoal.
- Busca por aprendizado, Desenvolvimento e Resultados.
- Disciplina, Liderança Situacional.

Cursos de Aperfeiçoamentos

Inspetor de Soldagem Nível 1, Inspetor de LP.

Desenho Mecânico, Metrologia, Alinhamento de Máquinas, Maçarico de Corte.

Hidráulica, Esquemas hidráulicos, Sistemas de Gerenciamento de Manutenção.

Solda, Freios, Vedações, Filtros, Lubrificantes e Lubrificação Classe Mundial.

Roscas, Cabos de Aço, Correias, Bombas, Correntes.

Manutenção Preditiva, Controle de Custos, PCOM, Sistema de Gestão Ambiental.

Especificações de Válvulas, Rolamentos, Mancais de Rolamentos.

Controle de Vapor e Ar Comprimido, Pneumática, Redutoras.

Inspetor de Equipamentos, RCM, MOC, Controle de Qualidade Total.

Chefia e Liderança, Garantindo a Primeira Impressão.
Assertividade e Desinibição, A Arte de Falar em Público.
Liderança Ocupacional, Técnicas de abordagem e linguagem corporal.
NR's, Manutenção Classe Mundial, Ms Project

OBS: Condecorado pela USIMINAS como Operário Destaque de Qualidade em virtude do comprometimento, esforços e resultados obtidos em busca da qualidade total.

Condecorado pela ASSOCIAÇÃO BRASILEIRA DE LIDERANÇA - BRASLIDER com o Prêmio EXCELÊNCIA E QUALIDADE BRASILBRASIL, MELHORES DO ANO na categoria PROFISSIONAL DO ANO em Consultoria Técnica Mecânica em 2014, 2015, 2016, 2017 e 2019.

Reconhecido como Especialista em Rolamentos Pela NSK-Maior fabricante de Rolamentos Japonês.

Contatos:
edson@optimuscsi.com.br
41-99667-6914

Apresentação

Muito me honra ser convidado a escrever a apresentação desse livro! Não tenho dúvida nenhuma que foi preparado com muita dedicação e profissionalismo. Conheço o Edson Gonçalves há quase 40 anos e nunca perdemos o contato, uma amizade que a distância geográfica não separou. Uma pessoa notável!

Nunca foi surpresa para mim a ascensão rápida dele nessa área de Manutenção Industrial, justificada pelo seu interesse e competência.

Escrever um livro como esse é um desafio e tanto, mas Edson Gonçalves tem uma grande paixão por essa área de Manutenção e o fato de ter aceitado esse desafio é mais uma prova de seu entusiasmo e o vasto conhecimento que o torna um expoente nesse assunto.

Parafraseando um pouco sobre o conteúdo desse livro, me deparei com tópicos importantíssimos como estratégias e ou sistemáticas eficazes para elevar a capacidade de melhorar o potencial dessa área tão imprescindível que é a Manutenção.

Vejo esse livro como mais uma das obras do grande autor Edson Gonçalves, trazendo aos leitores uma visão atualizada sobre a necessidade de uma manutenção integrada com temas de grande relevância na atualidade das manutenções industriais, focando na gestão da manutenção. É uma obra muito abrangente para uma gestão moderna e eficaz da manutenção, pois apresenta uma visão geral da Sistemática Integrada de Manutenção, buscando contextualizar a teoria da realidade vivida no cotidiano da área de manutenção, por meio de exemplos concretos de aplicação.

Tenho certeza que esse livro irá colaborar de forma significante para o desenvolvimento e crescimento dos profissionais da área de manutenção, indo além da qualidade dos serviços prestados e agregando sobretudo conhecimento.

Um abraço fraternal ao meu amigo Edson Gonçalves e família.

Adelson Alves da Silva
Engenheiro de Produção

Sumário

1 – Introdução

Se a organização tem problemas para atingir o sucesso com o gerenciamento da manutenção, o problema não são os profissionais e sim o sistema utilizado.

Maus resultados se repetem de novo e de novo não porque a mudança não seja desejada, mas porque o sistema errado está sendo utilizado.

Nunca se sobe para atingir o nível dos objetivos e metas. Se desce ao nível dos sistemas adotados.

Concentrar-se no sistema geral, em vez de em um único objetivo, é um dos pensamentos de sucesso, e tema deste projeto. É também um dos significados mais profundos por trás da palavra hábito. Sabemos que um hábito se refere a uma pequena mudança, um ganho marginal, um aprimoramento talvez de menos de 1%.

Porém, são pequenos hábitos ou pequenas ações que fazem parte de um sistema maior, estas pequenas ações são os blocos de construções dos resultados notáveis.

Nossas pequenas ações são como os átomos de nossas vidas. Cada um deles é uma unidade fundamental que contribui para a melhoria geral. No início estas minúsculas rotinas parecem insignificantes, mas logo se acumulam e alimentam ganhos maiores que se multiplicam em um grau que superam em muito os custos de seus investimentos iniciais.

Eles são pequenos e poderosos.

Esse é o significado da palavra "hábitos", uma prática ou rotina regular que não é apenas pequena e fácil de fazer, mas também é a fonte de um incrível poder, um componente do sistema de crescimento composto e evolutivo.

No cenário econômico atual o mercado exige das organizações muito mais do que a entrega do produto final, qualidade, preço, tempo de entrega, rastreabilidade, entre outras variáveis, acabam sendo inseridas nos processos para atenderem as exigências gerais do mercado industrial.

Assim as organizações buscam alternativas para se adaptarem ao cenário almejando a alta sustentabilidade para superarem as concorrências.

A diversidade de atividades realizadas no departamento de manutenção quer seja na área gerencial e de planejamento, ou na área técnica de execução de serviços, exige um sistema de gestão que atenda às necessidades de cada empresa, proporcionando recursos suficientes para implantar na prática soluções modernas e efetivas.

O Projeto SIM 360° é um sistema que se concentra principalmente no gerenciamento de questões de manutenção de ativos físicos com ênfase em maquinário, mas pode abranger outras áreas.

É um sistema para identificar ou antecipar problemas e encontrar uma solução, rapidamente, com o mínimo de transtorno ou tempo de inatividade.

A estratégia de manutenção adotada no Projeto SIM 360°, é um modelo abrangente de como as empresas minimizam o tempo de inatividade, mantêm os custos de manutenção sob controle e garantem que suas organizações trabalhem na capacidade ou perto dela.

O objetivo deste trabalho é apresentar um projeto de um planejamento estratégico para o desenvolvimento técnico de um cenário das melhores práticas de manutenção mundial, envolvendo as melhores ferramentas e estratégias, que venham a contribuir com a garantia da disponibilidade com confiabilidade para a organização, no desempenho das funções de cada ativo físico, bem como garantindo a qualidade do produto final, segurança das pessoas e do patrimônio, com custos controlados e com o menor impacto ambiental possível.

O projeto SIM 360° é uma estratégia definida para que a gestão da manutenção consiga visualizar todo o seu nicho de negócios em uma visão de 360°, obtendo assim uma ampla possibilidade de mapear todo o segmento e mapear seus potenciais desvios, os quais possibilitarão na agilidade das tomadas de decisões para a garantia da disponibilidade com confiabilidade da continuidade operacional e correto ciclo de toda a cadeia produtiva.

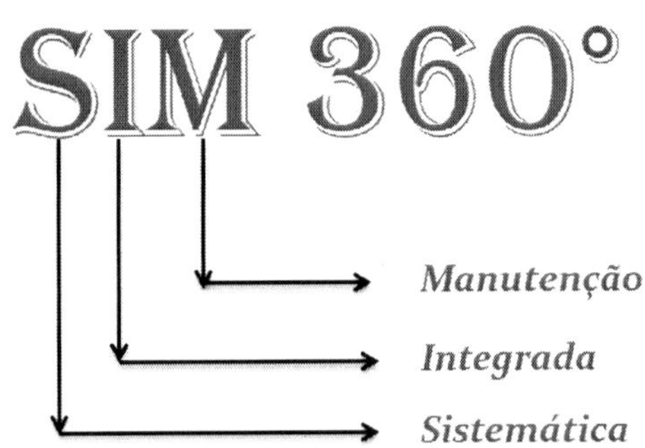

2 – Estrutura Organizacional

As Organizações são segmentadas e subdivididas em três etapas distintas, das quais temos as entradas, os processos e os produtos de onde surgem as despesas e geram os faturamentos.

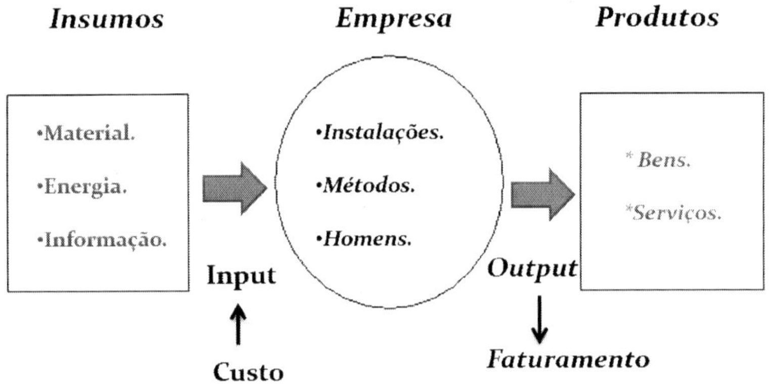

a) Insumos

Chamamos de insumos tudo o que é necessário ser adquirido e que deverá ser processado dentro das instalações com o suporte dos métodos e dos homens, para se tornar um bem ou um serviço.

b) Empresas

As Empresas são basicamente constituídas em sua grande maioria por três elementos:

1. Hardware

Os hardwares são as instalações, os ativos das organizações, que no universo da manutenção conhecemos como os equipamentos que desenvolvem todo o processo de produção.

2. Software

Os softwares podem ser entendidos como os programas, os métodos, ou os procedimentos utilizados para as realizações dos processos produtivos, que são alimentados e ou seguidos para garantir as variáveis como volume de produção, qualidade final, entre outros.

3. Humanware

Os humanwares são conhecidos como a mão de obra ativa da organização, quer seja para a parte intelectual (estratégia), a parte gerencial (coordenação e supervisão) ou para a parte braçal (produção em massa).

c) Produtos

Os produtos são caracterizados como quaisquer bens ou serviços que são processados ou desenvolvidos pelas organizações ao mercado com o intuito de serem comercializados para a obtenção de lucro.

3 – Conceitos

Assim como em toda e qualquer estratégia adotada seja ela para execução ou gerenciamento, os conceitos básicos precisam estar muito bem alinhados com o entendimento de todos os profissionais que se predispõem para desenvolver suas atividades baseadas em uma ferramenta que apresente uma linha lógica e racional de desenvolvimento.

Para tal, abaixo serão apresentados alguns conceitos para entendimentos das diretrizes e estratégias adotadas.

O que é um Ativo?

Definição financeira

Ativo é um termo básico utilizado para expressar o conjunto de bens, valores, créditos, direito e assemelhado que forma o patrimônio de uma pessoa, singular ou coletiva, num determinado momento, avaliado pelos respectivos custos.

Definição Técnica

Ativo é o conjunto de componentes que formam um equipamento capaz de desempenhar uma função dentro do ciclo da cadeia produtiva de uma organização.

Divisão detalhada de ativos do balanço patrimonial:

Ativo Circulante

Estoques

Exemplos: matéria-prima, produtos em elaboração, produtos acabados e mercadorias para revenda.

Dívidas de terceiros de curto prazo

Exemplos: dívidas de clientes, títulos a receber de clientes, dívidas de cobrança duvidosa de clientes, dívidas do estado e outros entes públicos.

Depósitos bancários e caixa
Exemplos: depósitos bancários, dinheiro em caixa.

Acréscimos e deferimentos
Exemplos: acréscimos de proveitos, custos diferidos.

Ativo não circulante

Imobilizado incorpóreo (Intangível)
Exemplo: Marcas, patentes, softwares.

Imobilizado corpóreo
Exemplos: terrenos e recursos naturais, edifícios e outras construções, equipamentos, ferramentas.

Investimentos financeiros
Exemplos: partes de capital em empresas do grupo, títulos e outras aplicações financeiras.

Dívidas de terceiros de longo prazo
Exemplos: dívidas de clientes, títulos a receber de clientes, dívidas de cobrança duvidosa de clientes, dívidas do estado e outros entes públicos.

Função Manter:

É o conjunto de responsabilidades necessárias para garantir a disponibilidade, a confiabilidade e os custos de um parque de ativos, normalmente ligados a uma fase do processo da cadeia produtiva.

As responsabilidades são classificadas em:

a) Engenharia
b) Planejamento
c) Execução

Independente da estrutura organizacional, ela pode ser composta por mais de uma gerência de área ou prestadora de serviços, desde que o conjunto de responsabilidade seja compartilhado.

Manutenção

Manutenção é o conjunto das ações destinadas a manter ou recolocar um ativo em um estado no qual pode exercer sua função requerida (NBR 5462).

A missão da manutenção é preservar as funções de nossos ativos físicos através de suas vidas tecnicamente úteis, pela seleção e aplicação de técnicas que permitam uma melhor relação custo x benefício.

As ações de manutenção são necessárias porque as instalações ao longo do tempo vão se degenerando.

Degeneração

A degeneração ocorre de três formas:

a) pelo comportamento próprio;
b) pela ação externa e
c) pela combinação dos dois fatores acima.

A degeneração por comportamento próprio é intrínseco da própria instalação e tem suas causas consideradas normais, tais como: atrito, fadiga, efeito joule, corrosão, etc.

São previsíveis, porém inevitáveis.

Cabe à manutenção, garantir a vida prevista, através de intervenções.

A degeneração pela ação externa é decorrente do relacionamento homem x máquina e tem suas causas consideradas anormais, tais como: deficiência de manutenção, de reparo, de operação, etc.

São imprevisíveis.

Cabe à manutenção corrigir seus efeitos, através de inspeções que detectam efeitos indesejados, e eliminar suas causas, através da análise de falha.

A evolução da degeneração ocorre em estágios, até a falha, se não houver intervenções que mudem o estado das partes das instalações.

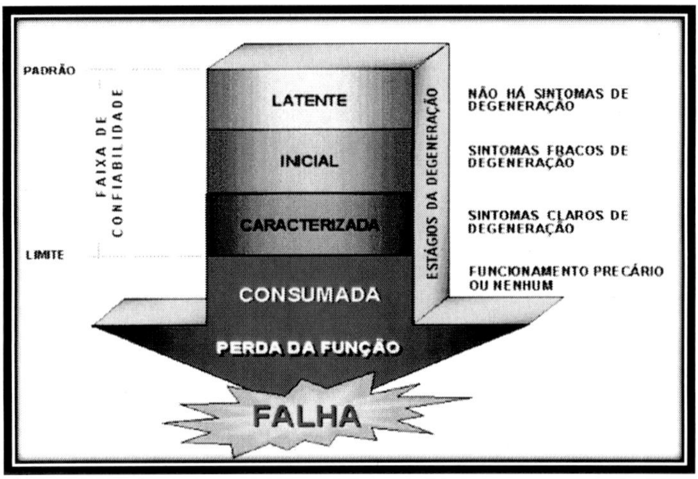

Falha:

É o término da capacidade de um ativo de desempenhar a função requerida (NBR5462).

Como exemplo simples podemos citar um carro de fórmula 1 que é produzido com o intuito exclusivamente de correr. Porém, quando um motor explode (falha), este carro não consegue mais correr, deixando de desempenhar sua função requerida.

Defeito:

É a imperfeição que não impede o funcionamento de um ativo, todavia pode, a curto ou longo prazo, acarretar a sua falha.

Como exemplo, podemos citar um ruído indesejado em qualquer ativo físico. Este ruído por mais que esteja incomodando, ele não irá impedir o ativo de operar e desempenhar sua função requerida. Porém em um curto, médio ou longo prazo irá evoluir para uma falha.

Falha Oculta

As falhas ocultas são oriundas de perda de função que não tem qualquer impacto direto (efeito visível) sobre a segurança ou sobre o desempenho operacional durante a operação normal do ativo.

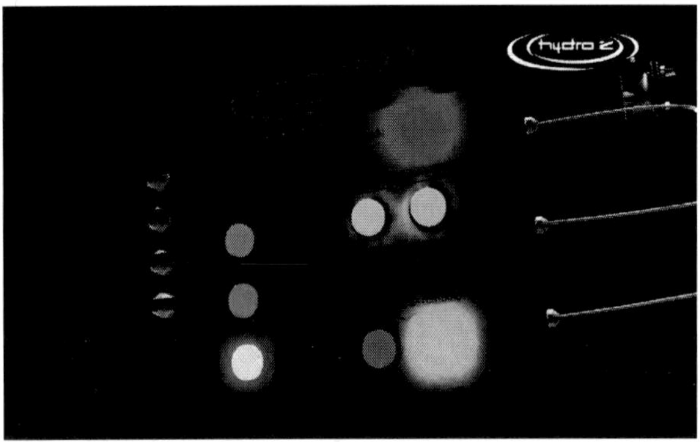

As falhas ocultas geralmente não perceptíveis aos profissionais da organização, nem mesmo àqueles especialistas.

No entanto para identificá-las será necessário a realização de testes de funcionamento, pois são falhas que não apresentam indícios de defeitos, ou seja, ocorrem de forma repentina e somente após os testes é possível identificá-las.

Abaixo alguns dos testes mais comuns.

- Teste de Lâmpadas em Painéis.
- Teste de SPCI.
- Teste de Barreiras de Segurança.
- Teste de Intertravamentos.

As consequências aparecem quando é feita a solicitação da função e normalmente, expõe a empresa a outras falhas com consequências sérias devido a boa parte das falhas ocultas estarem associadas a dispositivos de proteção.

Modo de Falha

- Maneira pela qual a falha é observada.
- Efeito pelo qual se percebe que a falha ocorreu.
- Descreve as variações do estado de um componente que resultam da ocorrência da falha.

Todo modo de falha tem uma consequência (perda produção, acidentes, custo de restabelecer) para a empresa. Cada modo de falha é como fosse uma moeda cujo valor é relacionado com as suas consequências.

Cada falha evitada pelas ações de manutenção é um custo (perda de produção, acidentes, custo de restabelecer) que deixa de ser gasto.

Itens de Controle da Manutenção

A eficiência global da Manutenção é medida basicamente através da disponibilidade das instalações, do custo de Manutenção e dos índices de segurança.

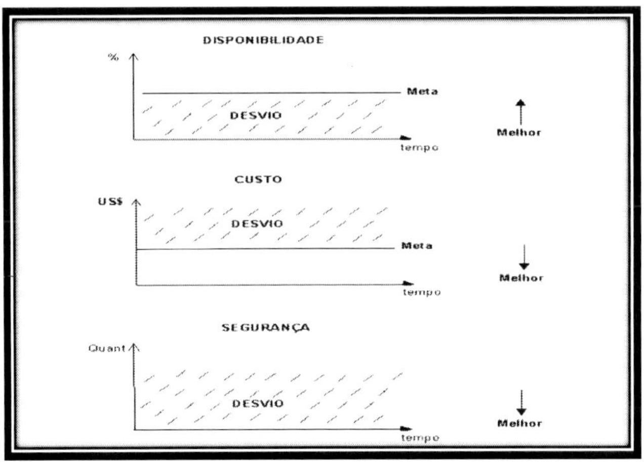

A avaliação isolada de cada item de controle não permite medir a eficiência global, pois:

a. um aumento da disponibilidade pode ter como resultado um aumento de custo, com consequente redução da produtividade.

b. uma redução de custo de Manutenção pode ter como resultado uma redução da disponibilidade, com consequente redução do faturamento.

É necessária a avaliação conjunta, pois o ponto ideal é o equilíbrio da disponibilidade com o custo.

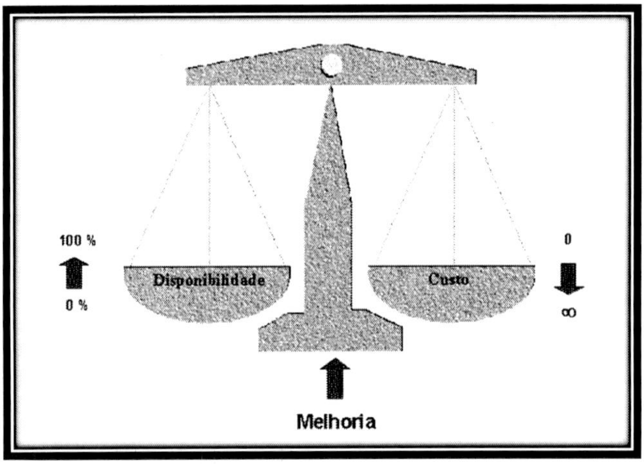

Disponibilidade

Medida do grau em que um ativo estará em estado operável e confiável no início da missão, quando a missão for exigida aleatoriamente no tempo (NBR 5462).

Fatores que influenciam na Disponibilidade:

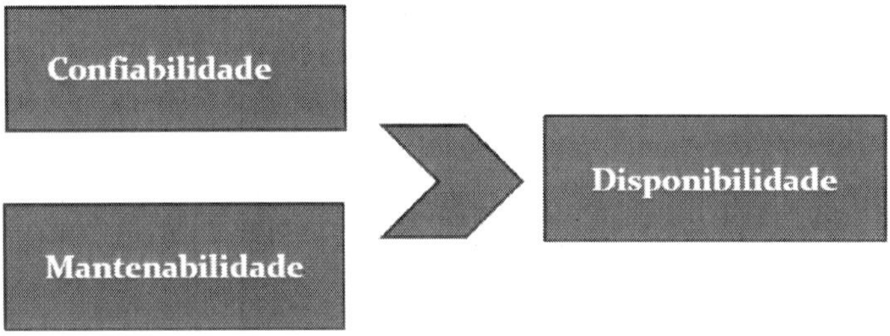

Confiabilidade:

Capacidade de um ativo de desempenhar uma função especificada, sob condições e intervalos predeterminados (NBR 5462).

Mantenabilidade ou Manutenibilidade:

Facilidade de um ativo em ser mantido ou recolocado no estado que pode executar suas funções requeridas, sob condições de uso específico, quando a manutenção é executada sob condições determinadas e mediante os procedimentos e meios prescritos (NBR 5462).

Um equipamento disponível é um equipamento que podemos usar. A partir desta evidência, concluímos que a disponibilidade depende:

a. do número de falhas (confiabilidade operacional);

b. da rapidez com que são reparadas em função de facilidades incluídas no projeto (manutenibilidade / projeto);

c. os processos gerenciais e da política definida para a manutenção (manutenibilidade / sistematização);

d. a qualidade dos meios de execução utilizados pela manutenção (manutenibilidade / logística).

Aumentar a disponibilidade de um ativo consiste em reduzir (dentro de um custo adequado) o seu número de paradas e o tempo gasto para executar as manutenções.

Classificação da Manutenção

Para obter a eficiência global, é necessário estabelecer algumas regras para auxiliar na escolha da melhor maneira de manter cada parte das instalações.

Os diversos tipos de manutenção adotados estão previamente definidos como:

Atividade Preventiva

Os três objetivos da manutenção preventiva são:

1º - Evitar deterioração acelerada e falha do equipamento.

2º - Detectar a ocorrência de falhas incipientes.

3º - Detectar a existência de falhas ocultas.

Em um plano de manutenção preventiva existem fundamentalmente três tipos básicos de atividade de manutenção, lembrando que este relato é de forma altamente simplificada.

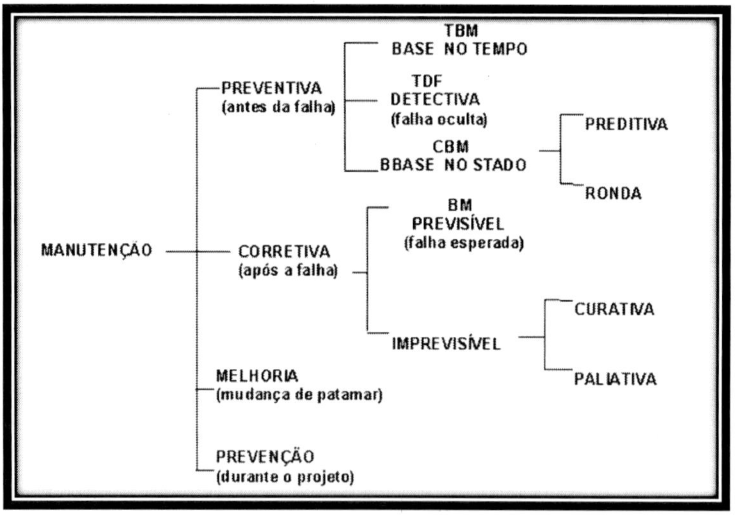

Manutenção Preventiva Baseada no Tempo (TBM)

Neste caso as atividades são realizadas com base em uma periodicidade fixa e previamente estabelecida. Quando especificamos uma atividade do tipo TBM, pelo menos em teoria, é porque conhecemos com boa precisão o comportamento temporal das falhas do equipamento, de modo que podemos determinar precisamente o que e quando deve ser feito para se evitar a ocorrência das falhas.

Manutenção Preventiva Baseada na Condição (CBM)

As atividades do tipo CBM são aquelas na qual o desempenho ou condição do equipamento é periodicamente medido (pode ser de forma contínua ou a intervalos especificados de medição) e que, de acordo com algum tipo de padrão ou limite preestabelecido, uma ação é tomada para se substituir ou restaurar o equipamento.

Teste/inspeção para detecção de falhas (ocultas) existentes (TDF)

As atividades do tipo TDF são aquelas para verificarmos se o equipamento já se encontra no estado falho. Em caso positivo, uma ação corretiva é tomada antes que a demanda ocorra.

Em sistemas do tipo stand by, segurança, não sabemos realmente se e quando a demanda ocorrerá efetivamente, de forma que a intervalos periódicos preestabelecidos, realizamos testes/inspeções para detectarmos a existência de falhas que porventura já tenham ocorrido.

Desta forma, garantimos uma maior disponibilidade do sistema em caso de ocorrência da demanda.

Cada item deve ser analisado para escolha do tipo que dará maior disponibilidade com confiabilidade, ao menor custo, com segurança e com o menor impacto ambiental possível.

Cada organização deve ter uma Manutenção diferenciada, pois cada uma possui características diferentes.

A metodologia para definir o tipo de manutenção a ser aplicada será detalhada nos segmentos:

a)- Manutenção Otimizada pela Confiabilidade.
b)- Tabela Mestre de Manutenção.
c)- Inspeção de Ronda.
d)- Atividade Extra.
e)- FMEA.

Otimização

Otimizar significa extrair o melhor rendimento possível de algo podendo ser uma pessoa, uma máquina, uma empresa, etc.

É um termo utilizado principalmente com o objetivo de simplificar um sistema para funcionar de forma mais rápida e eficiente, reduzindo o tempo de execução de tarefas e os custos.

Com olhar de ousadia para superação das constantes novas metas e recordes a serem alcançados e superados, que foi criado o Projeto SIM360°, cujo objetivo é a otimização, tanto da equipe de manutenção e inspeção, quanto a disponibilidade, confiabilidade e mantenabilidade dos ativos da cadeia produtiva das organizações.

Excelência

Ser excelente é executar com disciplina, de acordo com as regras e os padrões, para alcançar os resultados esperados, buscando as oportunidades de melhoria.

Assim, é possível fazer a coisa certa, no tempo certo, da maneira mais eficiente.

4 – Sistemática SIM 360°

É um sistema de gestão de manutenção e gerenciamento de ativos, que tem por função definir os principais processos e atividades que são fundamentais para a organização, garantindo resultados sustentáveis e definindo os processos mínimos que deverão ser priorizados e padronizados.

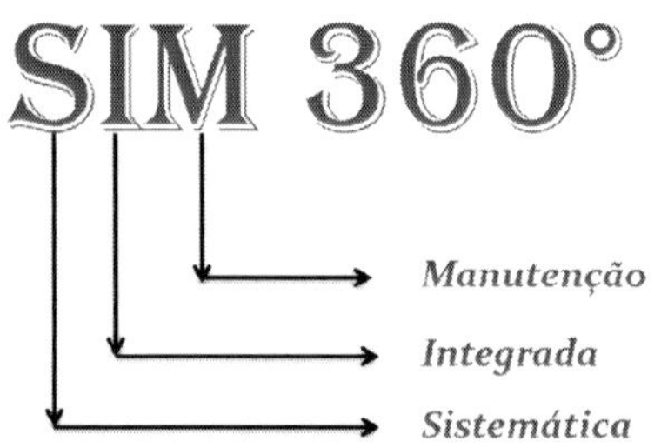

O projeto SIM 360° é uma estratégia definida para que a gestão da manutenção consiga visualizar todo o seu nicho de negócios em uma visão de 360°, obtendo assim uma ampla possibilidade de mapear todo o segmento e mapear seus potenciais desvios, os quais possibilitarão na agilidade das tomadas de decisões para a garantia da disponibilidade com confiabilidade da continuidade operacional e correto ciclo de toda a cadeia produtiva.

5 – Pilares da Estrutura SIM 360°

Como toda sistemática de manutenção, o projeto SIM também é sustentado por pilares que suportam suas estruturas com base nas melhores práticas de manutenção mundial, de forma que cada pilar é subdividido em etapas que completam toda a estratégia da manutenção desde os processos mais básicos até a sua excelência.

A segmentação das etapas são implantadas em uma sequência lógica que permite a evolução gradativa dos processos subsequentes, onde, os desvios encontrados com a implantação de cada ferramenta servem como aprendizado para as demais etapas, afim de minimizar desvios futuros, garantindo assim uma melhoria contínua de todas as fases do processo.

As subdivisões dos pilares da estrutura SIM 360° são realizadas em forma de colmeia, onde cada favo da colmeia corresponde a uma gestão de um segmento do projeto, afim de definir os objetivos estratégicos da sistemática.

A opção de definir a colmeia como a forma geométrica oficial do projeto, se dá pelo fato de mostrar que cada segmento ou cada favo possui o mesmo tamanho, bem como a mesma importância dentro do processo.

Sendo assim os favos podem ser remanejados dentro da colmeia, onde suas ordens podem ser alteradas de acordo com a necessidade de cada organização, sem alterar a essência ou a estrutura do projeto, permitindo assim sempre a melhoria contínua dos processos organizacionais.

Os favos da Colmeia SIM 360° são conjuntos de macroprocessos organizados em uma sequência lógica de etapas.

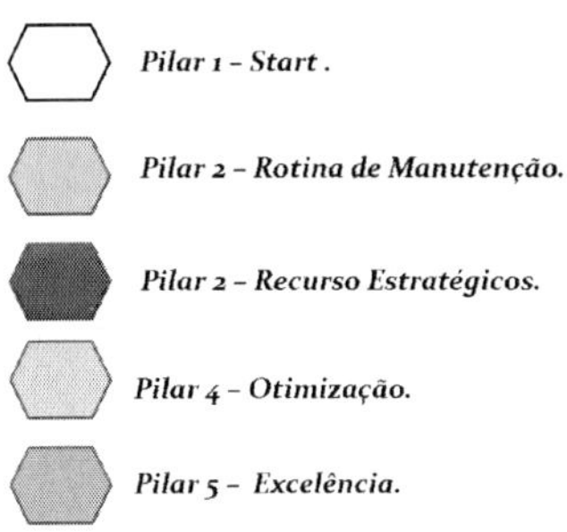

6 – Desmembramento da Colmeia SIM 360°

Com o desmembramento ou segmentação da Colmeia SIM, podemos dimensionar todas as etapas de cada favo, ou seja, cada gestão em particular, definindo suas ações detalhadas a serem implantadas de forma individual, em uma sequência lógica e funcional, baseadas em todos os critérios das diretrizes das normas vigentes e em particular de cada organização, adaptando assim de acordo com as necessidades internas de cada uma.

6.1 – Pilar 1 – Start Inicial

O Start Inicial deve ser entendido como o início de tudo, ou seja, a concepção do projeto, antes mesmo da sua criação.

Assim como nos mostra a Mentalização, um dos princípios do Hermetismo, o Universo é Mental, tudo é pensado antes de ser concebido ou construído. Existe a necessidade de se projetar, estudar e mentalizar aquilo que queremos desenvolver.

6.1.1 – Gestão do Negócio

6.1.1.1 - Definir o Ambiente do Negócio

Consiste em estabelecer as premissas básicas para permitir o entendimento do ambiente do negócio tais como:

- Conhecer o ambiente do negócio.
- Conhecer a cultura da empresa.
- Disseminar a cultura da empresa.
- Definir Fronteiras.
- Quebra de paradigmas.
- Definir Missão da manutenção.
- Definir Visão da manutenção.

- Definir valores da manutenção.

6.1.2 - Gestão de Projetos

6.1.2.1 – Instalações de Ativos Fixos

Consiste em estabelecer as premissas fundamentais para permitir que o ativo possa desempenhar suas funções.

- Definir critérios de aceite.
- Tratar os desvios de entrega técnica.
- Realizar inspeção técnica dos ativos.
- Elaborar plano de comunicação.
- Elaborar plano de contingência de riscos.
- Elaborar plano de start up.
- Elaborar a estrutura organizacional.
- Realizar testes e ajustes dos ativos.
- Emitir relatório final.

6.2 – Pilar 2 – Rotina da Manutenção

A Rotina da Manutenção consiste em um conjunto de atividades realizadas regularmente em um determinado ativo, sistema ou processo, com o objetivo de garantir seu bom funcionamento, prevenir falhas e prolongar sua vida útil. Essa prática é essencial para manter a eficiência e a confiabilidade de diversos tipos de equipamentos, desde máquinas industriais até sistemas de processos.

A Rotina da Manutenção desempenha um papel fundamental na preservação dos ativos de uma organização industrial. Ao realizar inspeções periódicas, limpezas, lubrificações e ajustes, é possível identificar e corrigir problemas antes que eles se tornem mais graves, evitando paradas não programadas e reduzindo os custos com reparos emergenciais.

Além disso, a Rotina da Manutenção contribui para a segurança dos colaboradores, uma vez que equipamentos mal conservados podem representar riscos à integridade física dos trabalhadores. Também auxilia na redução do consumo de energia, pois máquinas bem ajustadas e limpas tendem a operar de forma mais eficiente.

6.2.1 – Gestão de Conhecimentos e Habilidades Técnicas

6.2.1.1 – Desenvolvimento do Conhecimento e Habilidades Técnicas

Consiste em estabelecer e implantar as ferramentas para acompanhamento das necessidades de treinamentos técnicos específicos, afim de aprimorar seus conhecimentos e habilidades com o intuito de reduzir o retrabalho aumentando a eficácia.

- Mapear a necessidade de conhecimento e habilidades.
- Definir critério para aprimorar o conhecimento e a habilidade.
- Criar matriz de competência.
- Implantar DTO ou DTM.
- Identificar métodos para desenvolvimento do conhecimento e habilidades.
- Planejar o desenvolvimento.
- Padronizar as boas práticas executadas.

6.2.2 – Gestão de Planejamento

6.2.2.1 – Definir a Estratégia da Manutenção

Consiste em definir as estratégias a serem empregadas nos ativos para o atendimento de suas funções requeridas.

- Definir método para cálculo da criticidade do ativo.
- Definir o tipo de manutenção para cada ativo.
- Estabelecer critérios para os regimes de manutenção.
- Estabelecer critérios de intervalo de manutenção.
- Criar macro fluxo
- Definir rotina de reuniões.
- Definir calendário anual
- Alinhar métodos da manutenção com política de investimento

6.2.2.2 – Elaborar a Rotina da Manutenção Sistemática

Consiste em elaborar os planos de manutenção sistemáticos com seus recursos visando a necessidade da função a ser desempenhada e o ciclo orçamentário.

- Realizar o cadastramento dos ativos.
- Elaborar o plano de lubrificação mecanizado.
- Elaborar o plano de inspeção sensitiva.
- Elaborar o plano de manutenção preventiva.
- Elaborar o plano de manutenção preditiva.
- Definir critérios de revisão dos planos mecanizados.

6.2.2.3 – Elaborar o Planejamento da Manutenção

Consiste em planejar as atividades de todas as fontes de manutenção visando atender as necessidades das funções requeridas pelos ativos, otimizando todos os recursos.

- Alinhar as intervenções de manutenção.
- Elaborar planejamento de consumo anual de materiais.
- Planejar a necessidade de recursos especiais.
- Dimensionar a equipe de execução.
- Definir critérios para avaliação dos riscos relativos à postergação das atividades.
- Analisar e gerenciar os riscos de alterações orçamentárias.
- Definir metas internas.

6.2.3 – Gestão de Programação

6.2.3.1 – Programar as Atividades de Manutenção

Consiste em desdobrar as atividades do planejamento, dimensionando e alocando os recursos necessários de forma otimizada, cumprindo o calendário estabelecido.

- Programação das paradas operacionais.
- Definir as intervenções inclusas na programação.

- Reprogramar o back log e avaliar os riscos de postergação.
- Priorização das atividades GUT.
- Dimensionar e disponibilizar recursos a serem utilizados.
- Elaborar cronograma de execução.
- Analisar carteiras de serviços e tratar inconsistências.
- Liberação dos ativos

6.2.4 – Gestão de Execução

6.2.4.1 – Inspecionar os Ativos

Consiste em realizar as avaliações afim de externar as falhas mínimas (defeitos), para prevenir com antecedência a ocorrência de falhas e quebras.

- Impressão da lista de inspeção.
- Executar a inspeção técnica dos ativos.
- Registrar as anormalidades encontradas.
- Solicitação da interdição do ativo.
- Acompanhamento da carteira de serviços.
- Solicitar atualização dos planos sistematizados.
- Abrir solicitações de serviços referentes às anormalidades encontradas.
- Baixar as listas de inspeção do dia.

6.2.4.2 – Executar as Atividades Preventivas

Consiste em realizar as atividades de manutenção e lubrificação programadas de forma padronizada.

- Realizar a análise preliminar das tarefas.
- Executar as atividades programadas.
- Identificar a necessidade de uma nova intervenção.
- Apropriar as informações das atividades realizadas.

6.2.4.3 – Executar as Atividades Emergenciais

Consiste em corrigir as imperfeições detectadas nos ativos, garantindo a sequência do ciclo de produção.

- Realizar a análise preliminar das tarefas.
- Executar as atividades emergenciais.
- Identificar a necessidade de nova intervenção.
- Apropriar as informações da execução das atividades emergenciais.

6.2.4.4 – Executar as Atividades Preditivas

Consiste em estabelecer as técnicas preditivas, a fim de verificar a condição de desempenho das funções dos ativos.

- Realizar a análise preliminar das tarefas.
- Realizar a coleta dos dados.
- Realizar a análise e o diagnóstico dos dados.
- Definir as informações necessárias.
- Elaborar o laudo técnico.
- Informar a necessidade de intervenção no ativo.
- Elaborar relatório de tendências.

6.2.5 – Gestão de Controle

6.2.5.1 – Acompanhar a Rotina da Manutenção

Consiste em realizar o controle da execução e dos recursos empregados nas atividades da manutenção.

- Realizar o acompanhamento da execução.
- Realizar a análise técnica dos resultados da programação das atividades.
- Realizar a estratificação das carteiras de serviços.
- Propor ações para o tratamento dos desvios.
- Acompanhar o cronograma de execução.
- Dar baixa nas atividades da manutenção.

6.2.5.2 – Apontar os Resultados da Manutenção

Consiste em realizar a estratificação das informações e alimentar os indicadores dos resultados da manutenção para informação da organização.

- Realizar a estratificação das informações.
- Definir a periodicidade da estratificação das informações.
- Definir os indicadores a serem acompanhados.
- Alimentar os indicadores da manutenção.
- Emitir os relatórios gerenciais.
- Realizar a gestão à vista dos indicadores.

6.3 – Pilar 3 – Recursos Estratégicos

Os Recursos Estratégicos na manutenção industrial são aqueles elementos essenciais que garantem a continuidade, eficiência e eficácia das operações de manutenção. Eles são críticos para assegurar que os equipamentos e sistemas funcionem de forma confiável e produtiva.

6.3.1 – Gestão de Análises de Falhas

6.3.1.1 – Analisar e Tratar as Falhas Potenciais

Consiste em realizar as análises e as tratativas das falhas que possam comprometer o desempenho das funções requeridas pelo ativo.

- Definir os critérios para análise das falhas.
- Definir as ferramentas para análise das falhas.
- Implantar o comitê de análise das falhas.
- Definir agenda de reuniões do comitê de análise de falhas.
- Definir as estratégias de elaboração, aprovação e divulgação da análise de falhas e seus resultados.

6.3.2 – Gestão de Custos

6.3.2.1 – Elaborar e Gerenciar os Custos da Manutenção

Consiste em quantificar e controlar os recursos econômicos empregados com base no planejamento das atividades, conferindo previsibilidade à manutenção.

- Definir itens de controle de custeio e investimentos.
- Elaborar orçamento de custeio.
- Elaborar orçamento de investimentos.
- Analisar e gerenciar os riscos de alterações orçamentárias.
- Acompanhar periodicamente os gastos.
- Realizar analogia do orçamento.

6.3.3 – Gestão de Ferramentas

6.3.3.1 – Estabelecer Recursos de Ferramental para a Execução

Consiste em disponibilizar ferramentas apropriadas e em condições adequadas de uso para a execução das atividades de manutenção.

- Identificar a necessidade de aquisição ou reposição.
- Inspecionar as ferramentas.
- Realizar inventário periódico.
- Cadastrar ferramentas.
- Estabelecer critérios para ferramentas calibráveis.
- Estabelecer critérios de calibração com erros.
- Controlar entradas e saídas de ferramentas.
- Disponibilizar somente ferramentas calibradas.

6.3.4 – Gestão de Materiais

6.3.4.1 – Estabelecer Recursos de Materiais para a Execução

Consiste em definir e estabelecer critérios para a classificação dos itens e materiais, e garantir o pleno fornecimento à manutenção.

- Definir critérios e itens estocáveis
- Classificar os itens de acordo com sua criticidade.
- Definir itens e requisitos de armazenamento.
- Definir itens inspecionáveis e planos.
- Acompanhar trâmite de itens críticos.
- Realizar análise crítica e tratar desvios.
- Estratificar os componentes e elementos.
- Elaborar PDM.

6.3.4.2 – Reparar Externamente os Ativos e Componentes

Consiste em definir e estabelecer as premissas fundamentais para a realização dos reparos externos dos ativos e/ou dos componentes.

- Estabelecer critérios de seleção dos ativos e componentes a serem reparados externamente.
- Elaborar MDs dos ativos e componentes.
- Encaminhar o ativo ou componente ao fornecedor.
- Criar planilha de peritagem técnica.
- Definir rotina de peritagem técnica.
- Alimentar o sistema com os dados de entrada e saída dos ativos ou componentes. (software)

6.3.5 – Gestão de Contratos

6.3.5.1 – Acompanhamento do Andamento dos Contratos

Consiste em definir as premissas fundamentais para elaboração, execução, medição e finalização dos contratos a terceiros.

- Conhecer pré-escopo formal do jurídico.
- Definir critérios para solicitação e aprovação, desenvolvimento e medição dos contratos.
- Estabelecer critérios para responsável técnico e contraparte os contratos.
- Estabelecer critérios para rastreabilidade dos contratos.

6.3.6 – Gestão de Conteúdo Técnico

6.3.6.1 – Gerenciamento do Arquivo Técnico

Consiste em definir parâmetros e documentação referente aos ativos, garantindo a consistência e a confiabilidade das informações.

- Definir tipo de documentação básica para arquivamento.
- Definir critérios para elaboração e revisão das documentações técnicas.
- Definir critérios para cadastro e atualização das informações dos ativos.
- Estabelecer padrões mínimos para estrutura do arquivo técnico.
- Estabelecer critérios para facilitar a rastreabilidade entre as identificações dos ativos.

6.4 – Pilar 4 – Otimização

Otimização é o processo de ajustar variáveis de um sistema ou processo para alcançar o melhor desempenho possível, geralmente em termos de maximizar ou minimizar algum critério específico. Esse critério pode ser o custo, a eficiência, a produção, entre outros.

O objetivo da otimização é encontrar a melhor solução possível dentro das limitações e condições dadas, de forma eficiente e eficaz.

6.4.1 – Gestão de Desenvolvimento

6.4.1.1 – Realizar Desenvolvimento de Materiais

Consiste em desenvolver materiais alternativos, visando a melhoria contínua da qualidade, confiabilidade e custo.

- Identificar as oportunidades de desenvolvimento.
- Identificar as alternativas de desenvolvimento.
- Definir processo de validação das alternativas.
- Realizar o processo de validação da alternativa.
- Emitir laudo de qualificação técnica.

- Solicitar homologação do item.

6.4.1.2 – Realizar Desenvolvimento de Fornecedores

Consiste em desenvolver fabricantes e ou fornecedores alternativos, visando a melhoria contínua da qualidade, confiabilidade e custo.

- Identificar as oportunidades de desenvolvimento.
- Identificar as alternativas de desenvolvimento.
- Definir processo de validação das alternativas.
- Realizar o processo de validação da alternativa.
- Emitir laudo de qualificação técnica.
- Solicitar homologação do fornecedor.

6.4.1.3 – Realizar Desenvolvimento de Ativos

Consiste em realizar estudos de intercambiabilidade dos ativos e seus componentes, interna e externamente.

- Identificar oportunidades de padronização e ou modificação dos ativos.
- Definir critérios para priorizar os ativos e suas partes a serem estudadas.
- Analisar a intercambiabilidade e a padronização dos ativos e suas partes.
- Realizar análise de viabilidade.
- Buscar alternativas externas.
- Solicitar atualização técnica.

6.4.1.4 – Realizar Modificação dos Ativos Fixos

Consiste em definir a sistemática de solicitação, aprovação, implantação e registros das modificações técnicas e estruturais dos ativos.

- Criar fluxograma e procedimento.
- Identificar prazo e responsável.
- Analisar a viabilidade das modificações.
- Emitir pedido e OS.
- Realizar acompanhamento técnico e financeiro.

- Elaborar cronograma e medições.
- Solicitar atualização da documentação técnica.
- Elaborar a estrutura organizacional da modificação.

6.4.1.5 – Manutenção Relevante

Consiste em definir critérios para o planejamento dos grandes reparos na organização.

- Definir critérios para identificação.
- Definir calendário de reuniões.
- Elaborar cronograma de intervenção.
- Elaborar estrutura organizacional.
- Realizar acompanhamento técnico.
- Elaborar plano de mobilização de recursos.
- Elaborar plano de comunicação.
- Elaborar plano de rump up
- Emitir relatório

6.4.2 – Gestão de Integração

6.4.2.1 – Equalização das Informações entre os Segmentos

Consiste em estabelecer as premissas fundamentais para eliminar as falhas prematuras dos ativos e obter o melhor rendimento de suas funções requeridas.

- Priorizar o ativo a ser analisado.
- Estratificar os custos.
- Analisar os riscos do cenário.
- Analisar a viabilidade técnica do cenário.
- Analisar a viabilidade econômica do cenário.

6.4.2.2 – Estabelecer Níveis de Serviços

Consiste em sistematizar a relação cliente / fornecedor entre a manutenção e a operação na gestão de seus processos, minimizando as perdas através da atuação conjunta.

- Definir a sistemática de avaliação formal de atendimento entre as partes.
- Definir os responsáveis pelos eventos da manutenção e operação.
- Definir as fronteiras entre as partes.
- Estabelecer os parâmetros da interface.

6.4.3 – Gestão de Processo

6.4.3.1 – Realizar o Tratamento dos Gargalos

Consiste em eliminar ou reduzir os impactos dos gargalos dentro da cadeia produtiva.

- Mapeamento da cadeia produtiva.
- Identificar os gargalos dentro da cadeia produtiva.
- Priorizar os gargalos da cadeia produtiva.
- Definir a metodologia a ser utilizada para o tratamento dos gargalos.
- Realizar estudos de tratamento dos gargalos.
- Apresentar relatório técnico.

6.4.4 – Gestão Financeira dos Ativos

6.4.4.1 – Realizar Análises dos Custos dos Ciclos de Vida dos Ativos

Consiste em analisar os custos que ocorrem em um projeto desde a concepção do ativo até o descomissionamento ou descarte, fornecendo dados que suportam tomadas de decisão.

- Priorizar os ativos a serem analisados.
- Definir os métodos e ferramentas aplicáveis.
- Unificar as informações da manutenção e operação.
- Realizar o estudo de análise dos ativos.

6.5 – Pilar 5 – Excelência Operacional

Excelência Operacional é um processo pelo qual as organizações utilizam todos os seus mecanismos para produzirem com qualidade e realizarem boas entregas para os seus clientes. Para isso, as organizações precisam maximizar o desempenho em termos de produtividade, qualidade do produto, e readequação de custos.

Portanto, é um importante recurso de competitividade para com as demais empresas, particularmente porque operam em um ambiente de extrema concorrência.

Concentrada nas necessidades dos clientes, a excelência profissional das equipes tem por objetivo encontrar soluções que visem à otimização de processos. Esses processos são, principalmente, baseados em diversas técnicas conhecidas.

Inicialmente, mais do que lhes dar materiais desenvolvidos, deve ser dada especial atenção à abordagem global da empresa, para abranger e criar na equipe uma busca por respostas que resultem na força da excelência operacional da organização.

6.5.1 – Gestão da Excelência

6.5.1.1 – Compromisso com o Negócio

Consiste em desenvolver iniciativas que buscam ideias para a melhoria contínua dos produtos, processos, da segurança e do meio ambiente junto às equipes da organização.

- Difundir a cultura do compromisso com o negócio.
- Definir critérios mínimos para a elaboração dos projetos de melhoria.
- Definir o ciclo de vida de cada grupo de melhoria.

6.5.1.2 – Valorização do Compromisso

Consiste em definir premissas fundamentais para a avaliação e premiação dos melhores projetos.

- Definir critérios de seleção dos melhores projetos.
- Definir critérios de premiação dos melhores projetos.
- Divulgação dos projetos premiados.
- Identificar os talentos profissionais.

7 – Fases do Processo SIM 360°

Como toda estratégia adotada, o Projeto SIM 360° também necessita de uma sequência racional e lógica para a subdivisão dos favos da colmeia que seguem as diretrizes do Ciclo PDCA para se alojarem nos momentos exatos de atuação das organizações independente do segmento que estão sendo implantadas.

O Ciclo PDCA é um método de melhoria contínua, e não esgota sua aplicabilidade com uma única utilização no processo, e que permeia em todos os processos da manutenção.

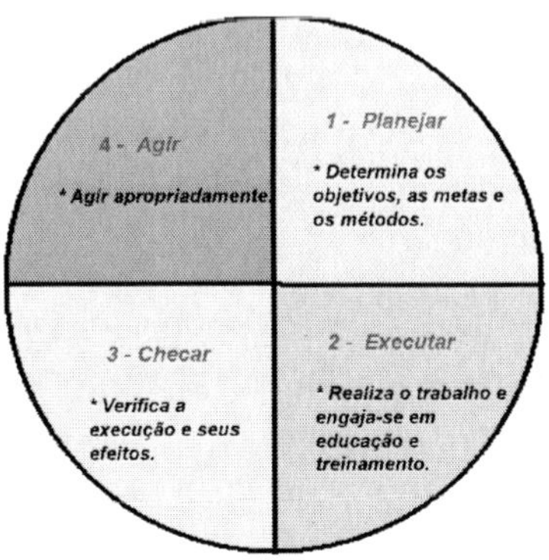

P – Plan – Planejar – É utilizado para definirem os objetivos a serem alcançados na manutenção ou na melhoria dos métodos e dos processos que servirão para atingirem suas metas propostas.

D – Do – Executar – É a realização da educação e dos treinamentos necessários à execução das atividades que servirão para atingirem os objetivos e efetivamente a execução das atividades que compõem os processos e a realização da manutenção e das medições da qualidade.

C – Check – Checar – É a averiguação dos resultados das atividades executadas, comparando-se as medições realizadas com os objetivos estabelecidos. Procede-se, portanto, a análise em direção à melhoria.

A – Action – Agir – Em função da análise anterior, esta parte compreende a realização das correções dos desvios apresentados em relação aos objetivos, e a eliminação de problemas de acordo com os parâmetros já definidos ou, com novos padrões estabelecidos.

O Ciclo PDCA, pode identificar novos problemas ou avanços a cada ciclo realizado, com vistas à Melhoria Contínua. Isto se deve ao fato de que muitos problemas somente são visíveis após a realização do ciclo anterior.

Ciclo PDCA do SIM 360°

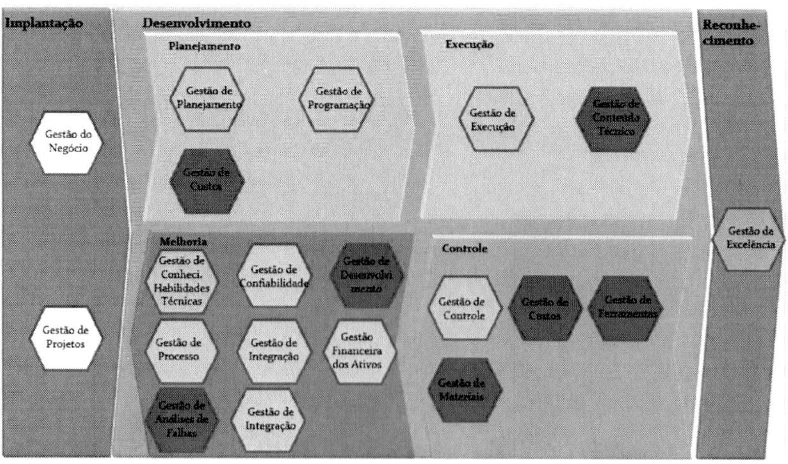

O Projeto SIM 360° segue uma lógica funcional para sua implantação conforme a sequência abaixo:

- Implantação.
- Planejamento.
- Execução.
- Controle.
- Melhoria.
- Reconhecimento.

A fase de **IMPLANTAÇÃO** consiste na definição do ambiente do negócio pela organização e na oficialização da instalação do parque de ativos ou da modificação do ativo.

A fase de **PLANEJAMENTO** define a estratégia de manutenção para cada classe de ativos, o orçamento da manutenção, a estratégia de utilização de cada recurso/insumo e planeja, no tempo, as atividades necessárias.

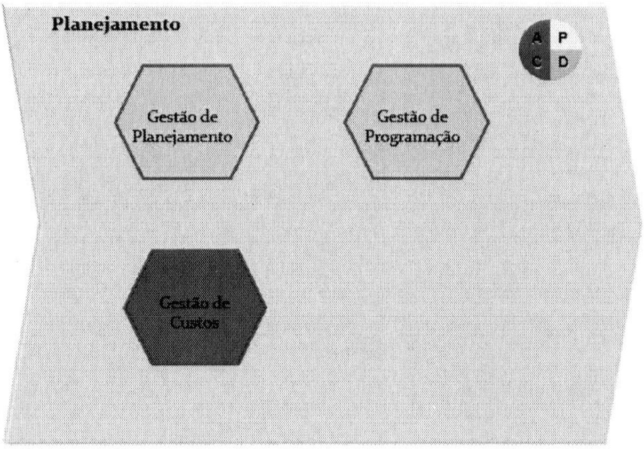

A fase de **EXECUÇÃO** consiste em executar as tarefas do planejamento de forma programada, os serviços identificados através de inspeções e diagnósticos dos equipamentos e atuar corretivamente nas falhas ocorridas nos ativos, bem como a elaboração e correção de desenhos e projetos.

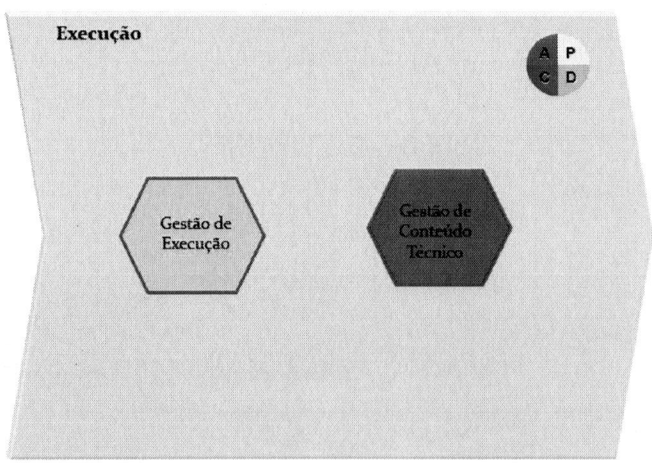

A fase de **CONTROLE** consiste em acompanhar a execução do planejado, tratando os desvios, o controle dos recursos considerados como críticos, garantindo pleno fornecimento, às demais gestões.

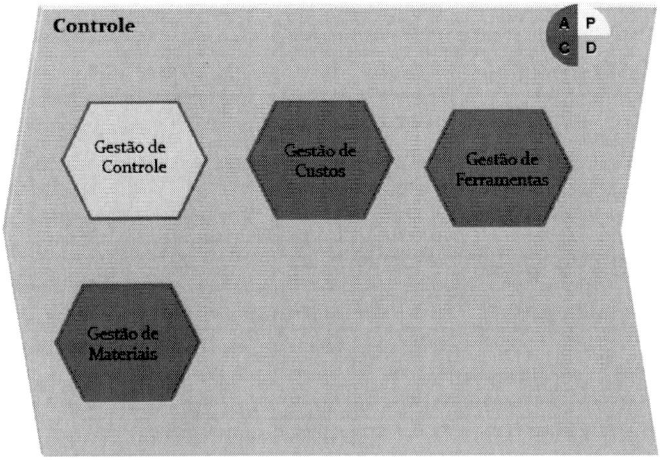

A fase de **MELHORIA** é dividida em dois tipos: tratamentos de anomalia que consiste na remoção do sintoma e bloqueio da causa raiz (de forma preventiva ou corretiva) e o desenvolvimento/melhoria dos recursos ou processos utilizados na manutenção.

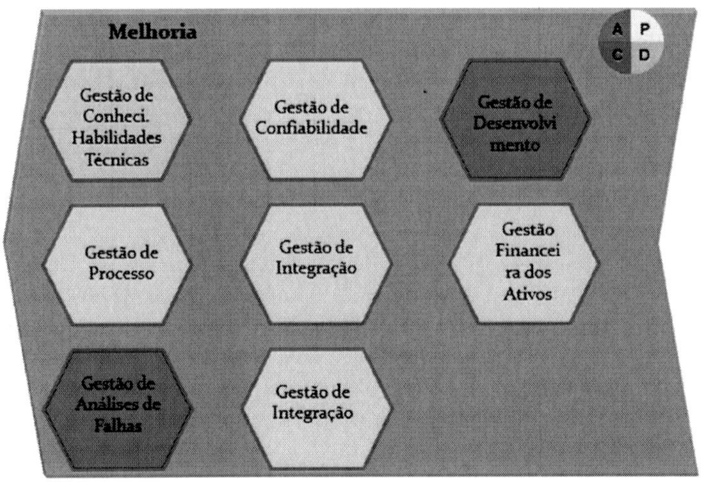

A fase de **RESULTADOS** consiste em apresentar o compromisso dos colaboradores com o negócio, através da excelência operacional, mediante a participação de todos e reconhecimento da organização.

Com a implantação da sistemática SIM 360°, seguindo as orientações e desenvolvendo a estratégia com disciplina e determinação, qualquer organização pode alcançar os seguintes resultados:

- Aumento do ritmo de produção.
- Aumento do MTBF.
- Maior eficácia técnica e produtiva.
- Maior preservação e vida útil dos Ativos.
- Aumento da evolução técnica da gestão da manutenção.
- Readequação dos custos de manutenção.
- Aumento da qualidade dos produtos e serviços.
- Redução do MTTR.
- Qualificação técnica da equipe de manutenção.
- Retenção do know how da organização.
- Cumprimento das normas e legislações vigentes.
- Aumento da disponibilidade e confiabilidade.
- Aumento da mantenabilidade técnica e operacional.

8 – Considerações Finais

A Manutenção industrial, impulsionada pela integração de tecnologias emergentes, tem redefinido o cenário da manutenção industrial, apresentando tanto oportunidades quanto desafios significativos.

Através do Projeto SIM 360°, será possível perceber que a implementação de avanços como a Internet das Coisas, Inteligência Artificial, novas técnicas e Impressão 3D pode proporcionar benefícios tangíveis às organizações, incluindo readequação dos custos, aumento da eficiência e personalização de serviços.

No entanto, a transição para a Sistemática SIM 360° não é isenta de obstáculos. Desafios como resistência à mudança por parte dos colaboradores, necessidade de investimentos robustos em tecnologia e preocupações com a segurança de tudo pra cumprir as diretrizes e legislações emergem como barreiras potenciais.

Para superar tais desafios e capitalizar as oportunidades da implantação da sistemática SIM 360°, as organizações devem estar adequadamente preparadas, priorizando a capacitação de seus profissionais e fomentando uma cultura organizacional voltada para a inovação.

Os resultados e discussões abordados neste projeto reforçam a ideia de que a Sistemática SIM 360° é mais do que uma tendência passageira; é uma evolução inevitável que as organizações devem abraçar para manterem-se competitivas.

As organizações que investirem proativamente em tecnologia e cultura de inovação estarão melhores posicionadas para colher os benefícios e se destacar no mercado.

Portanto, a Sistemática SIM 360°, com seus desafios e oportunidades, é um campo em constante evolução, e as organizações devem estar prontas para navegar por esse cenário em transformação.

Ederson Luiz da Silva
Engenheiro Mecânico
41-98827-8441
edersonldasilva@hotmail.com

9 – Nota do Autor

Com um olhar sempre no futuro, desenvolvemos e disseminamos conhecimentos de teorias e métodos de gerenciamento da manutenção, aperfeiçoando o desempenho das organizações industriais através da Educação Técnica, Projetos e Consultoria.

A sistemática SIM 360° foi desenvolvida para atender a pequenas, médias e grandes empresas e centros de desenvolvimento de manutenção, onde sua aplicação é flexível e pode facilmente ser modificada e adaptada às necessidades individuais de cada organização de acordo com o ciclo preestabelecido, de forma que cada macroprocesso pode ser reestruturado e readaptado para suprir suas eventuais exigências.

Para que o desenvolvimento da sistemática seja homogêneo, alguns parâmetros deverão ser seguidos conforme determinado em cada um dos macroprocessos descriminados.

Para tal, recomenda-se utilizar a filosofia da ferramenta 5W2H.

A ferramenta 5W2H transforma em ações práticas toda a análise e a formulação de estratégias idealizadas para o plano de ação.

O 5W2H é, portanto, um checklist que indica as atividades, os prazos e as responsabilidades de todos os envolvidos em um projeto.

A ferramenta 5W2H é um conjunto de questões utilizado para compor planos de ação de maneira rápida e eficiente.

Seu principal propósito é a definição de tarefas eficazes e seu acompanhamento, de maneira visual, ágil e simples.

Formada por uma combinação entre letras e números, essa sigla pode gerar confusão, mas se refere às iniciais das perguntas que ajudam a solucionar demandas.

Só que as letras foram emprestadas do inglês, conforme mostramos a seguir:

- What: o que deve ser feito?
- Why: por que precisa ser realizado?
- Who: quem deve fazer?
- Where: onde será implementado?
- When: quando deverá ser feito?
- How: como será conduzido?
- How much: quanto custará esse projeto?

Observando as perguntas acima, fica fácil entender o nome da metodologia, já que resulta da união entre 5W (what – why – who – where – when) e 2H (how – how much).

Respondendo às sete questões de modo realista, é possível enxergar com clareza a necessidade, ou não, de uma mudança, e formular um plano para alcançar esse objetivo.

Em geral, o 5W2H é desenvolvido em uma tabela, contendo cada questão e um pequeno espaço para que seja respondida, favorecendo o preenchimento com frases curtas.

Desse modo, fica fácil verificar o andamento de cada projeto, controlar o tempo, evitar o desperdício de recursos, delegar e cobrar a execução das ações.

10 – Fontes de Informações

- Manual do Sigma – Sistema de Gerenciamento da Manutenção.
- Manutenção Industrial – Do Estratégico ao Operacional.
- Simplificando os Conceitos da Manutenção Industrial.
- Grupo Larch.
- *LIvro Hábitos Atômicos de James Clear*

Epitáfio

Devia ter amado mais
Ter chorado mais
Ter visto o sol nascer
Devia ter arriscado mais
E até errado mais
Ter feito o que eu queria fazer

Queria ter aceitado
As pessoas como elas são
Cada um sabe a alegria
E a dor que traz no coração

O acaso vai me proteger
Enquanto eu andar distraído
O acaso vai me proteger
Enquanto eu andar

Devia ter complicado menos
Trabalhado menos
Ter visto o sol se pôr

Devia ter me importado menos
Com problemas pequenos
Ter morrido de amor

Queria ter aceitado
A vida como ela é
A cada um cabe alegrias
E a tristeza que vier

O acaso vai me proteger
Enquanto eu andar distraído
O acaso vai me proteger
Enquanto eu andar

Devia ter complicado menos
Trabalhado menos
Ter visto o sol se pôr.

Titãs

Realização

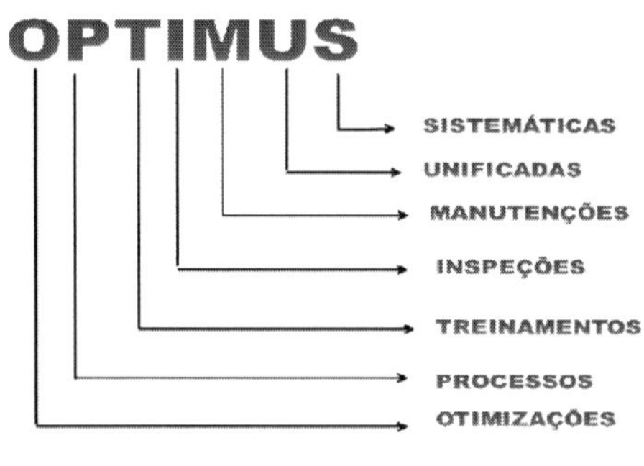

O que é a OPTIMUS?

Uma empresa voltada para Otimizações de Processos, Treinamentos, Inspeções e Manutençõeş Unificadas e Sistemáticas.

Nossa atualidade promove uma competitividade extrema, exigindo das Organizações um processo de melhoria contínua jamais visto, processo este que muitas vezes tem se tornado um ponto de interrogação em alguns estágios desta evolução sistemática da cadeia produtiva.

A complexidade desta sistemática se dá devido a necessidade da organização em detectar o ponto primordial a ser tratado em sua cadeia produtiva, pois este é o grande desafio encontrado. Tendo conhecimento desta grande necessidade a **OPTIMUS** decidiu disponibilizar o tempo e conhecimentos de seus profissionais, adquiridos ao longo de 30 anos de atuação em empresas multinacionais de grande porte, experiência esta nas áreas de otimização, processos, treinamentos, inspeções, manutenções, sistemática, produção, projetos, redução de custos, qualidade, segurança e meio ambiente, a fim de disponibilizar soluções industriais inteligentes aos seus clientes e parceiros.

Além de fornecer a solução para os problemas apresentados, a OPTIMUS promove também a execução de tais atividades e a capacitação dos profissionais envolvidos no desafio em questão.

A **OPTIMUS** oferece soluções inteligentes nas seguintes áreas:

Execução e/ou Orientação de Implantação de Sistemática de Gestão da Manutenção

Gestão do Negócio;
Gestão de Habilidades Técnicas;
Gestão de Programação;
Gestão de Controle;
Gestão de Custos;
Gestão de Materiais;
Gestão de Conteúdo Técnico;
Gestão de Integração;
Gestão de Confiabilidade;
Gestão de Excelência;
Gestão de Projeto;
Gestão de Planejamento;
Gestão de Execução;
Gestão de Análise de Falha;
Gestão de Ferramentas;
Gestão de Contratos;
Gestão de Desenvolvimento;
Gestão de Processo;
Gestão Financeira dos Ativos;

Consultoria em Manutenção e Cadeia Produtiva

- Avaliação e adequação da sistemática de manutenção existente;
- Revitalização da estrutura (Homem/Hora) utilizada pela corporação;

- Otimização de processo, avaliando desde o planejamento de manutenção,
- processo logístico interno, PPCP, produção e interferências na qualidade final;
- Execução e orientação de Benchmark e Brainstorm;
- Aplicação da sistemática de modelos mentais para tomada de decisões;
- Orientação para desenvolvimento de sistemática de gerenciamento de sistemática para Manutenção/Produção.

Treinamentos

Gerenciamento da Manutenção - PPCM Industrial - Inspetor de Manutenção Industrial - Manutenção Mecânica Básica Industrial - Lubrificação Industrial Classe Mundial - Análise de falha de Manutenção Industrial - Processos de Soldagem de Manutenção Industrial - Introdução à Inspeção de Soldagem Industrial - Alinhamento de Máquinas Rotativas Industriais - Ajustagem Industrial - Hidráulica e Pneumática Básica Industrial - Manutenção Estratégica - Metrologia Industrial Aplicada - Materiais de Construção Mecânica Industrial - Rolamentos Industriais. Manutenção em Pontes Rolantes Industriais - Elementos de Máquinas Industriais. Noções de Sistemas de Transmissões Industriais - Documentação Técnica Industrial - Leitura e Interpretação de Desenho tec. Industrial - Plásticos Industriais de Engenharia - Vedações Industriais - Componentes Elétricos e Eletrônicos - Manutenção Elétrica Básica Industrial – Confiabilidade - Masp - Liderança Industrial. Desafios e Motivação na Manutenção Industrial.

Estudo e desenvolvimento de técnicas e métodos para otimizações dos processos e redução de custos

Realização de estudo de tempos e métodos;
Avaliação e adequação do layout fabril;
Estudo e definição de itens e equipamentos críticos;
Estudo e adequação dos estoques de insumos e sobressalentes;
Otimização do processo;
Estudo e implementação de novas ferramentas e metodologias.

Auditorias orientativas e avaliativas na sistemática de manutenção e processo;

Execução de inspeção sensitiva e manutenção de máquinas e equipamentos industriais em geral.

Outros Projetos:

Livros Técnicos:
"Manual Básico para Inspetor de Manutenção Industrial".
"Manutenção Industrial – Do Estratégico ao Operacional". (
"Manual Básico para Inspetor de Manutenção Industrial 2".
"Manutenção Industrial Básica para Aprendizes Volume 1".
"Os 5 Principais Elementos da Manutenção Industrial".
"Simplificando os Conceitos da Manutenção Industrial".
"Descomplicando a Metrologia na Manutenção Industrial".
"Documentação Técnica na Manutenção Industrial".

"A melhor ferramenta é a SOLUÇÃO.
A melhor solução é a EXPERIÊNCIA.
A melhor experiência é a EXECUÇÃO.
A melhor execução é a OPTIMUS".

OPTIMUS Soluções Inteligentes
Rua Alcebíades Plaisant nº 1085 sala 404 Água Verde – Curitiba – PR CEP- 80620-270
www.optimuscsi.com.br
edson@optimuscsi.com.br
41-3343-0029 / 41-99667-6914

Apoio

RPM SUL

Soluções em Manutenção Preditiva

IsolaFácil

Grupo Priner

FGM

CLÍNICA DA SAÚDE E TRABALHO

Juntos, na proteção de seu principal ativo

A Luz no Fim do Túnel!

" Nunca esqueça que há sempre uma luz no fim do túnel.
Só não espere que esta luz chegue até você,
Vá até ela.
Quem sabe lá você encontra aquele alguém que você tanto procurou,
E quem sabe este alguém esteja também tentando te encontrar...."

Tumbir

Impressão e acabamento
Gráfica da Editora Ciência Moderna Ltda.
Tel: (21) 2201-6662